반려동물과 함께 하는 세상 만들기

EBS Petedu 반려동물과 함께 하는 세상 만들기 4

2025년 01월 02일 발행

저자   이승진(반려동물종합관리사, KKF 운영위원, EBS 펫에듀 운영 두넷 대표)

발행처   (주)두넷
주소   (02583) 서울시 동대문구 무학로 33길 4 1층
연락처   Tel 02-6215-7045
이메일   ebs-petedu@naver.com

제작 유통   (주)푸른영토
주소   (10402) 경기도 고양시 일산동구 호수로 606 에이동 908호
연락처   Tel 031-925-2327

ISBN   979-11-990559-3-3   73520

값 12,000원

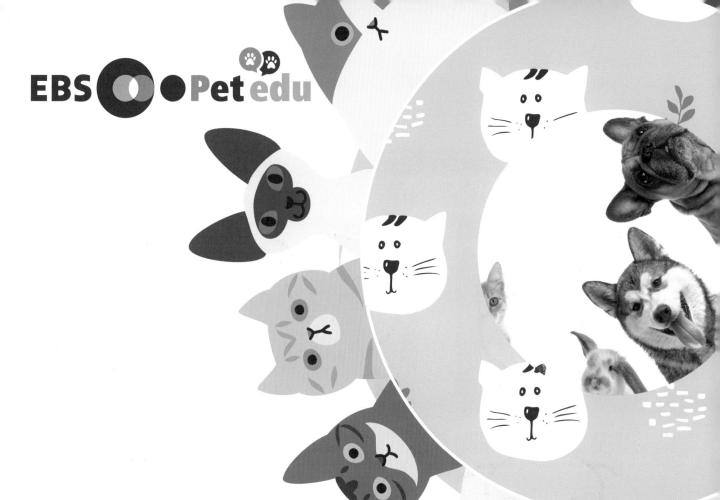

EBS Pet edu

반려동물과
함께 하는
세상 만들기

● 이승진 지음

4

EBS 미디어 두넷

안녕하세요!

이 책을 펼쳐 본 여러분, 정말 반갑습니다.

여러분은 혹시 반려동물을 키우고 있나요?

또는 반려동물을 키우고 싶다고 생각해 본 적 있나요?

이 책은 여러분이 반려동물에 대해 더 잘 이해하고,

행복하게 함께 살아갈 수 있도록 도와주기 위해 만들어졌어요.

반려동물은 우리에게 큰 기쁨과 행복을 주지만,

그들도 우리와 마찬가지로 많은 사랑과 돌봄이 필요해요.

이 교재를 통해 여러분은 반려동물의 필요를 이해하고,

그들과 어떻게 건강하고 행복한 관계를 맺

을 수 있을지 배울 수 있을 거예요.

함께 배우고,

반려동물 친구들과

더 행복한 시간을 만들어봐요!

목차

 **반려동물이 먹으면 아파요**

 **반려동물은 뚱뚱하면 안 되나요?**

 **반려동물도 병원에 꼭 가야해요**

PART 1

반려동물은 왜 털이 많이 빠지나요?

반려동물의 털갈이

생각 열기

반려동물의 털갈이가 시작되면 어떤 변화들이 일어날 수 있을까요?

반려동물에게 일어나는 변화

_____

_____

_____

_____

_____

_____

반려동물이 사는 집 안에서 일어나는 변화

_____

_____

_____

_____

_____

_____

배우기 1

반려동물의 털갈이에 대해 알아보아요.

털갈이는 무엇이고 왜 일어날까?

털갈이(환모)는 반려동물의 털이 계절에 따라 빠지고 새로 자라는 자연스러운 과정이에요. 매일 조금씩 털이 빠지지만, 특히 봄과 가을에는 많은 양의 털이 한꺼번에 빠질 때가 있어요.
이 과정은 햇빛, 날씨, 그리고 호르몬에 영향을 받아 일어나요. 햇빛을 많이 받으면 털이 빨리 자라고, 따뜻한 날씨가 피부의 혈액순환을 도와 새로운 털이 자라기 쉬워요.

털갈이는 어떤 과정으로 일어날까?

모낭은 털이 자라는 피부 속 작은 주머니로, 이곳에서 털이 자라요. 모낭이 활동을 시작하면 새로운 털이 자라면서 낡은 털을 밀어내고, 모낭이 휴식기에 들어가면 털의 성장이 멈춰요.
봄에는 부드러운 속털인 하모가 많이 빠지고, 가을에는 하모가 다시 자라요. 상모는 하모와 다르게 언제든 조금씩 빠지고 다시 자라요.

반려동물의 털갈이에 대해 알아보아요.

◇ 털갈이는 모든 반려동물에게 똑같이 일어날까? ◇

견종마다 털갈이 시기와 방법이 다르고, 보통 털이 짧은 견종이 긴 털을 가진 견종보다 털갈이가 빨리 끝나요. 하루에 털은 평균 0.18mm 정도 자라지만, 따뜻한 날씨가 되면 이보다 더 빨리 자라요. 현재의 많은 개들은 여러 견종이 섞여 있어 털갈이 시기가 일정하지 않을 수 있지만, 대부분 호르몬의 영향을 받아 정해진 시기에 털갈이를 해요.

활동하기

오늘 학습한 내용을 바탕으로 반려동물의 신체적 특징을 살려 나만의 반려동물을 그려보아요.

* 실이나 솜을 사용해서 붙여보아요!

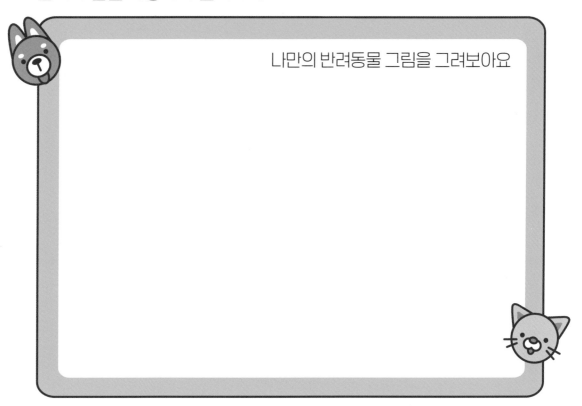

나만의 반려동물 그림을 그려보아요

1. 나만의 반려동물 소개:

2. 나만의 반려동물이 털갈이를 겪을 때 주의사항:

정리하기

오늘 배운 개념을 정리해보아요.

 **문제 1**

모낭이란 무엇인가요?

 **문제 2**

왜 봄과 가을에 털이 많이 빠지나요?

 **문제 3**

하모와 상모의 차이점은 무엇인가요?

더 알아보기

활을 닮아 빠른, 그레이하운드

그레이하운드는 우아하고 날씬한 몸매로 유명한 사냥견이에요. 그들은 본래 사냥을 위해 길러졌으며 특히 시각을 이용해 멀리 있는 사냥감을 포착하고 쫓는 데 능숙해요. 긴 다리와 가벼운 몸체 덕분에 달리기에서 뛰어난 기량을 보이지만 사실 성격은 매우 온순하고 차분한 편이에요.

그레이하운드는 짧은 털을 가지고 있어 털 관리가 쉽고 실내에서는 상당히 조용하게 지내는 반전 매력을 가지고 있어요. 대부분의 시간을 소파나 침대에서 쉬면서 보내는 걸 좋아하지만 짧고 강렬한 운동 시간이 필요해요.

또한, 그레이하운드는 사회적이고 사람들과 잘 어울리며 특히 다른 동물들과도 무난하게 지내는 경우가 많아요. 다만, 사냥 본능이 있기 때문에 작은 동물들과 함께할 때는 주의가 필요할 수 있어요.

PART **2**

네 발로 걷는
사람이 있나요?
신체구조 및
슬개골과 미끄러짐

생각 열기

무릎 관절이 어떻게 움직이는지 느껴보세요.
걸을 때 무릎이 고정되지 않고 자유롭게 움직이는 이유는 무엇
일까요?

반려동물의 신체구조와 관절에 대해 알아보아요.

◇ 반려동물 신체구조와 관절의 중요성 ◇

반려동물의 신체구조는 그들의 움직임과 활동에 매우 중요한 역할을 해요. 특히 관절은 반려동물이 뛰고 걷고 서는 모든 동작에 필수적이에요.

 슬개골이란?
슬개골(무릎뼈)은 매우 중요한 역할을 해요. 슬개골은 반려동물이 다리를 구부리고 펴는 데 관여하며, 관절을 보호하고 안정성을 제공해요. 반려동물의 활발한 생활을 위해서는 건강한 슬개골과 관절 관리가 필요하며, 이런 신체구조의 역할을 이해하는 것은 그들의 전반적인 건강을 지키는 데 매우 중요해요.

배우기 2

반려동물의 신체구조와 관절에 대해 알아보아요.

슬개골의 역할과 기능

슬개골은 반려동물의 무릎관절 앞쪽에 있는 작은 뼈로, 무릎을 구부리고 펴는 동작을 돕는 역할을 해요. 다리가 움직일 때 슬개골이 마치 미끄러지듯이 움직여 관절을 보호해줘요.

슬개골은 무릎 관절에 가해지는 압력을 분산시켜 무릎이 손상되지 않도록 해주는 중요한 기능도 있어요. 하지만 슬개골이 제자리에 고정되지 못하고 위치가 어긋나면 '슬개골 탈구'라는 문제가 생길 수 있어요. 이런 경우 반려동물이 걷기 어려워지거나 심한 경우 통증을 느끼기도 해요.

미끄러짐과 슬개골 문제의 관계

반려동물이 미끄러운 바닥에서 자주 걷거나 뛸 경우, 슬개골에 무리가 갈 수 있어요. 미끄러운 바닥에서는 발이 제대로 고정되지 않아 무릎에 더 많은 힘이 가해지기 쉽기 때문이에요. 이렇게 되면 슬개골이 제자리를 벗어나 슬개골 탈구와 같은 문제가 생길 수 있어요. 특히, 작은 견종일수록 슬개골이 약해 미끄러짐으로 인한 위험이 더 커요. 이런 이유로 반려동물이 생활하는 공간을 미끄럽지 않게 꾸미는 것이 중요해요.

배우기 3

반려동물의 신체구조와 관절에 대해 알아보아요.

◇ 슬개골 탈구 예방과 관리 ◇

슬개골 탈구는 주로 작은 견종에게 자주 발생하지만, 예방할 수 있는 방법들이 있어요. 우선, 반려동물이 활동하는 공간에 미끄럼 방지 매트를 깔아 미끄러짐을 방지할 수 있어요. 또한, 반려동물이 갑작스럽게 뛰거나 점프하지 않도록 주의하고, 적정 체중을 유지해 슬개골에 무리가 가지 않게 해야 해요. 만약 슬개골 탈구가 의심된다면, 즉시 수의사에게 진찰을 받아야 하고, 심한 경우에는 수술이 필요할 수도 있어요.

◇ 실생활 적용 ◇

반려동물의 슬개골 건강을 유지하려면 관절 건강을 위한 몇 가지 습관을 들이는 것이 좋아요.
먼저, 반려동물의 활동량을 적절히 조절해 무리한 움직임을 피하도록 해야 해요. 또한, 관절 건강에 좋은 사료나 보조제를 주어 슬개골과 관절을 강화하는 것이 도움이 돼요. 마지막으로, 반려동물이 생활하는 바닥이 미끄럽지 않도록 카펫이나 러그를 깔아주어 미끄러짐을 예방하는 것이 중요해요.

활동하기

반려동물의 신체적 특징을 고려해 반려동물에게 도움을 줄 수 있는 집 안의 아이템을 만들어보아요.

나만의 아이템을 그려보아요.

나만의 아이템의 광고 카피라이트

*광고 카피라이트 문구는 상품이나 브랜드를 짧고 간단하게 설명해서 사람들의 관심을 끌고 기억에 남게 만드는 문장이에요.

오늘 배운 내용을 바탕으로 문제를 풀어보아요.

🐾 문제 1

슬개골은 어떤 역할을 하나요?

a) 무릎을 보호하고 구부리는 것을 돕는 역할

b) 다리의 길이를 늘리는 역할

c) 뼈를 단단하게 하는 역할

🐾 문제 2

슬개골 탈구는 언제 주로 발생하나요?

a) 반려동물이 낮잠을 잘 때

b) 미끄러운 바닥에서 뛰거나 점프할 때

c) 무거운 물건을 들 때

🐾 문제 3

슬개골 건강을 위해 가장 좋은 방법은?

a) 반려동물을 많이 뛰게 하기

b) 미끄럼 방지 매트를 사용하기

c) 사료를 많이 먹이기

더 알아보기

점이 매력적인 친구, 달마시안

달마시안은 아주 멋진 강아지예요! 가장 큰 특징은 하얀 털에 까만 점무늬가 있다는 거예요. 이 점들은 마치 물감을 뿌려놓은 것처럼 불규칙하게 자리 잡고 있어서 세상에 같은 점을 가진 달마시안은 하나도 없어요. 그래서 각자 고유한 모습을 하고 있답니다!

달마시안은 원래 말을 끄는 마차 옆을 뛰어다니던 강아지였어요. 그래서 달리기를 정말 잘하고, 아주 튼튼한 몸을 가지고 있어요. 지금은 마차를 끌지 않지만 여전히 활동적이기 때문에 산책을 자주 시켜주고, 넓은 공간에서 뛰어놀 수 있는 시간이 꼭 필요해요. 달리기뿐만 아니라 주인과 공놀이 같은 활동도 좋아해서 같이 놀면 강아지도 아주 행복할 거예요.

달마시안은 똑똑하고 배우는 걸 좋아하는 강아지예요. 그래서 훈련을 잘 시키면 여러 가지 명령도 잘 따르고, 다른 사람들과도 잘 어울릴 수 있어요. 하지만 에너지가 많아서 충분한 운동과 놀이 시간을 주지 않으면 지루해할 수 있어요.

PART 3

반려동물은 어떻게 해야 건강할 수 있나요?

반려동물의 건강 관리

생각 열기

여러분이 생각하는 건강한 반려동물은 어떤 반려동물인가요?
어떤 활동을 하는 반려동물이 건강한 반려동물일까요?

_____

_____

_____

_____

_____

_____

반려동물의 건강관리에 대해 알아보아요.

반려동물 건강관리의 목적
반려동물의 건강관리는 그들이 항상 건강한 상태를 유지하며, 보호자와 함께 행복한 삶을 살 수 있도록 돕는 것이에요. 예방접종을 통해 질병을 예방하고, 다양한 질병의 증상과 치료 방법을 이해해 적절한 시기에 수의사의 도움을 받을 수 있어야 해요. 무엇보다도, 질병이 생기기 전에 예방하는 것이 가장 중요해요.

◇ 질병의 예방과 치료 ◇

반려동물의 전염병은 대변이나 소변, 공기 등을 통해 전파될 수 있어요. 전염병 예방을 위해서는 위생관리가 중요하지만, 감염을 완전히 막기는 어려워요. 따라서 디스템퍼, 파보 바이러스, 켄넬코프 등의 예방접종을 정확한 시기에 실시하는 것이 필수적이에요.
심장사상충은 특히 여름철 모기를 통해 전염되므로, 예방약을 꼭 먹여야 해요. 예방접종은 강아지가 태어난 후 45일이 지나면 시작해야 해요.

배우기 2

반려동물의 건강관리에 대해 알아보아요.

먹이급여

반려견의 건강을 위해 적합한 사료를 선택하는 것이 중요해요. 몸이 너무 마르거나 살이 찌지 않도록 주의하면서, 반려견의 크기와 체질에 맞는 사료를 골라야 해요. 최근에는 유기농 사료나 고단백 사료가 인기를 끌고 있어요. 반려견이 잘 먹고 건강한 변을 보는 사료를 선택하는 것이 좋아요.

운동과 산책

정기적인 운동과 산책은 반려견의 건강을 유지하는 데 큰 도움이 돼요. 운동을 통해 근육, 관절, 뼈 등이 발달되고, 보호자와의 교감도 강화되어 스트레스를 줄일 수 있어요. 매일 일정 시간 동안 산책을 시켜주는 것이 좋아요.

반려동물의 건강관리에 대해 알아보아요.

위생관리

장모종의 경우 정기적으로 미용을 해주고, 브러싱과 귀청소 등을 꾸준히 해줘야 해요. 털 상태에 맞는 샴푸를 사용해 목욕시키고, 목욕 후에는 완전히 말려주는 것이 중요해요. 또한, 반려견이 자는 공간과 화장실도 자주 청소해 청결하게 유지해야 해요.

기생충 예방

반려견은 냄새를 맡기 위해 바닥에 코를 대는 일이 많아 기생충에 감염될 위험이 커요. 이를 예방하기 위해서는 정기적으로 변 검사를 하고, 구충약을 꾸준히 먹이는 것이 필요해요.

활동하기

학습한 내용을 바탕으로 반려동물의 건강한 생활을 위한 하루 계획표를 그려보아요.

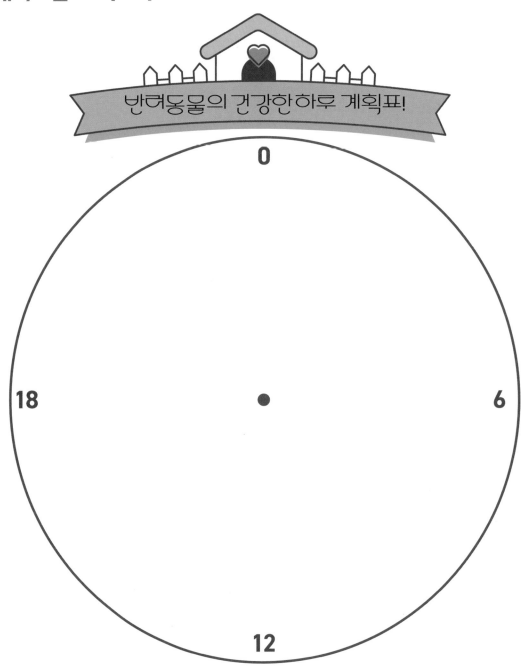

반려동물의 건강한 하루 계획표!

0

6

12

18

오늘 배운내용을 바탕으로 아래 문장에서 빈칸에 들어갈 알맞은 말을 적어보세요.

1 반려동물 건강관리의 목적은 반려동물이 언제나 (   ) 한 상태를 유지하는 것이에요.

2 예방접종은 (   )을 예방하기 위해 꼭 필요해요.

3 반려견이 질병에 걸리기 전에 (   )하는 것이 가장 중요 해요.

4 정기적인 (   )와 산책은 반려견의 건강에 매우 도움이 돼요.

5 반려견은 코와 입을 바닥에 대기 때문에 (   ) 감염의 위험이 커요.

더 알아보기

평야를 뛰어다니는 양몰이, 보더콜리

보더콜리는 매우 똑똑하고 활발한 성격을 가진 강아지예요. 원래 영국과 스코틀랜드의 국경 지역에서 양떼를 모는 일을 하던 강아지였기 때문에 이름이 '보더콜리'예요. 이 강아지들은 양치기 본능이 강해 움직이는 것을 쫓아다니며 모으려는 성향이 있어요. 그래서 지금도 농장이나 목장에서 양치기 역할을 많이 하며 뛰어난 순발력과 민첩성으로 그 역할을 훌륭하게 수행해요. 보더콜리는 특히 지능이 높은 강아지로 유명해요. 명령을 빠르게 이해하고 다양한 기술을 쉽게 배울 수 있어서, 훈련을 시키면 복잡한 동작도 능숙하게 해내요. 이런 지능 덕분에 개 스포츠, 장애물 경주, 프리스비 같은 활동에서도 매우 뛰어난 성과를 보여요. 하지만 이렇게 똑똑한 만큼 충분한 자극과 놀이가 필요해요. 매일 새로운 활동을 제공해 주지 않으면 지루해할 수 있고 에너지가 넘치는 보더콜리는 특히 많은 운동과 활동이 필수적이에요.

PART 4

반려동물이 먹으면 아파요

반려동물이
피해야 할 음식

생각 열기

여러분이 좋아하는 음식 세가지를 떠올려보세요.
여러분이 좋아하는 음식들은 반려동물과 함께 먹어도 될까요?

반려동물이 먹으면 안 되는 음식에 대해 알아보아요.

◇ 음식이 반려동물에게 미치는 영향 ◇

사람이 먹는 음식을 반려동물에게 주면 위험할 수 있어요. 사람과 반려동물의 소화 기관은 다르기 때문에 우리에게는 괜찮은 음식도 반려동물에게는 독이 될 수 있어요. 예를 들어, 초콜릿이나 포도 같은 음식들은 반려동물에게 심각한 건강 문제를 일으킬 수 있어요. 반려동물에게 적합한 음식과 위험한 음식을 잘 구분하는 것이 중요해요.

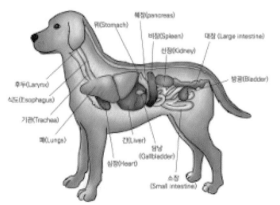

반려견 (Dog)

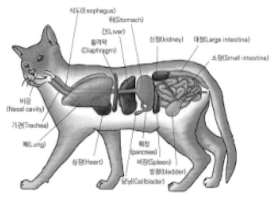

반려묘 (Cat)

배우기 2

반려동물이 먹으면 안 되는 음식에 대해 알아보아요.

◇ 반려동물이 절대 먹어서는 안 되는 음식들 ◇

 초콜릿

초콜릿에 들어있는 테오브로민이라는 성분은 반려동물의 신경계에 독성을 일으켜요. 이 성분은 반려동물이 소화할 수 없기 때문에 심장 문제나 발작, 심한 경우 사망까지도 발생 할 수 있어요.

 양파와 마늘

이 음식들은 적혈구를 손상시키는 성분이 들어있어서 빈혈을 일으킬 수 있어요. 심하면 생명이 위험할 수 있고, 조리된 양파나 마늘도 마찬가지로 위험해요.

 포도와 건포도

반려동물이 포도나 건포도를 먹으면 신장 손상을 유발할 수 있어요. 소량으로도 급성 신부전을 일으킬 수 있기 때문에 절대 주지 말아야 해요.

반려동물이 먹으면 안 되는 음식에 대해 알아보아요.

◇ 반려동물이 독성 음식을 먹었을 때 ◇

반려동물이 위험한 음식을 먹었을 때는 몇 가지 증상이 나타날 수 있어요.

대표적으로는 구토, 설사, 무기력, 그리고 발작 등이 있어요. 심장이 빨리 뛰거나, 근육이 경련을 일으킬 수도 있어요. 이런 증상이 나타나면 바로 수의사에게 데려가는 것이 중요해요.

◇ 예방 방법 ◇

반려동물이 위험한 음식을 먹지 않도록 예방하는 방법도 알아야 해요. 집에서 음식을 보관할 때는 반려동물이 접근하지 못하도록 주의해야 해요. 특히 쓰레기통에 있는 음식 찌꺼기를 먹지 않도록 잘 막아야 해요. 가족이나 친구가 방문했을 때도 반려동물에게 사람 음식을 주지 않도록 주의를 줘야 해요.

활동하기

오늘 학습한 내용을 바탕으로 반려동물이 먹으면 안 되는 음식을 대신할 수 있는 음식을 개발해보아요.

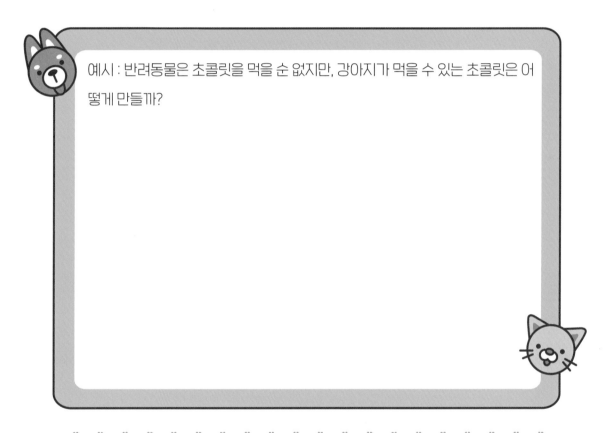

예시 : 반려동물은 초콜릿을 먹을 순 없지만, 강아지가 먹을 수 있는 초콜릿은 어떻게 만들까?

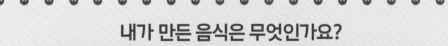
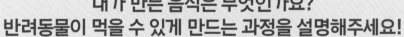

내가 만든 음식은 무엇인가요?
반려동물이 먹을 수 있게 만드는 과정을 설명해주세요!

정리하기

오늘 배운 내용을 바탕으로 아래 문장에서 빈칸에 들어갈 알맞은 말을 적어보세요.

포도와 건포도

_____을 유발하며 소량으로도

위험합니다.

초콜릿

_____ 독성으로 인해 심장 문

제와 발작을 일으킬 수 있습니다.

양파와 마늘

적혈구 손상으로 _____을 유발

할 수 있습니다.

더 알아보기

강력한 체력을 자랑하는 친구, 시베리안 허스키

시베리안 허스키는 시베리아 지역에서 썰매를 끌기 위해 길러진 견종으로, 강력한 체력과 민첩함을 자랑하는 중대형견이에요. 이중 모피 덕분에 추운 기후에서도 견딜 수 있으며 털갈이 시기에 많은 양의 털이 빠져 주기적인 관리가 필요해요.

허스키는 뛰어난 지구력을 가지고 있어 하루에 긴 시간 동안의 운동과 활동이 필수적이에요. 독립적인 성격을 가지고 있지만 동시에 보호자와의 교감도 중요하게 생각하며 다른 견종에 비해 고집이 있는 편이에요. 똑똑하고 호기심이 많아 다양한 활동에 흥미를 느끼고, 새로운 환경에 잘 적응하는 능력이 뛰어나요. 하지만 이들의 에너지를 잘 관리하지 않으면 장난이 심해질 수 있어 충분한 운동과 훈련이 필요해요.

PART 5

반려동물은 뚱뚱하면 안 되나요?
반려동물의 비만

생각 열기

여러분이 생각하는 비만인 반려동물은 어떤 모습인가요?
비만인 반려동물과 건강한 반려동물을 그려보아요.

비만인 반려동물

 건강한 반려동물

배우기 1

반려동물의 비만과 건강에 대해 알아보아요.

비만이란?

반려동물도 사람처럼 체중이 지나치게 늘어나면 비만 상태가 될 수 있어요. 비만이란 적정 체중을 넘어서 지방이 과도하게 축적된 상태를 말해요. 반려동물의 경우, 과식이나 운동 부족으로 인해 살이 찔 수 있어요.

비만은 왜 생길까?

반려동물이 비만해지는 주요 원인은 과도한 음식 섭취와 운동 부족이에요. 주인이 주는 음식의 양이 너무 많거나 간식을 자주 주면 반려동물이 살이 찔 수 있어요. 또한, 충분한 운동을 하지 않으면 먹은 에너지를 소모하지 못해 지방으로 쌓이게 돼요.

비만은 반려동물한테 왜 안 좋을까?

가장 흔한 문제점은 관절에 무리가 가서 걷거나 뛰는 것이 힘들어지는 거예요. 또한, 비만은 심장 질환, 당뇨병, 호흡기 문제 등 다양한 질병의 위험을 높여요. 비만으로 인해 활동성이 떨어지고, 쉽게 피로해질 수 있어요.

반려동물의 비만과 건강에 대해 알아보아요.

비만 예방과 관리는 어떻게 해야할까?

비만을 예방하기 위해서는 반려동물의 식사량을 조절하고 규칙적인 운동을 시켜줘야 해요. 적절한 양의 음식을 주고, 간식은 가급적 줄이는 것이 중요해요. 매일 산책이나 놀이를 통해 충분히 운동하게 만들어야 해요. 만약 반려동물이 비만이라면, 꾸준히 운동을 하면서 식사량을 조절해 건강을 회복시킬 수 있어요.

반려동물이 먹을 수 있는 저칼로리 음식은?

비만 예방을 위해서는 고칼로리 음식 대신 저칼로리 음식을 주는 것이 좋아요. 반려동물이 먹을 수 있는 저칼로리 음식으로는 당근, 오이, 호박, 사과(씨 제거 후) 등이 있어요. 이 음식들은 칼로리가 낮고 섬유질이 풍부해 포만감을 주면서도 살이 찌지 않도록 도와줘요. 또한, 저지방 사료를 선택하는 것도 반려동물의 체중 관리를 돕는 좋은 방법이에요.

활동하기

학습한 내용을 바탕으로 비만 반려동물의 저칼로리 식단을 짜 보는 활동을 해요.

아침

점심

저녁

정리하기

오늘 배운 내용을 바탕으로 퀴즈를 풀어보아요.

문제 1

비만의 정의

반려동물도 사람처럼 비만이 될 수 있다.

문제 2

비만의 원인

과도한 간식 섭취와 운동 부족이 반려동물의 비만을 일으킬 수 있다.

문제 3

비만이 건강에 미치는 영향

비만한 반려동물은 관절에 무리가 가고 심장 질환에 걸릴 수 있다.

문제 4

비만 예방과 관리

반려동물에게 간식을 자주 주는 것이 비만 예방에 도움이 된다.

뾰족한 귀를 가진 친구, 스피츠

스피츠는 북극 지방에서 기원한 견종으로, 귀가 뾰족하고 꼬리가 등 위로 말려 있는 독특한 외모를 가지고 있어요. 두꺼운 이중 털 덕분에 추운 날씨에도 강하게 견딜 수 있어요.

스피츠는 대체로 활발하고 활력이 넘치는 성격을 가지고 있으며 주인을 매우 잘 따르고 충성심이 강해요. 경계심이 있어 처음 본 사람에게는 낯을 가릴 수 있지만 가족들과는 매우 다정하고 친근하게 지내는 특징이 있어요. 크기는 다양하며, 작은 스피츠부터 큰 스피츠까지 여러 종류가 있어요. 외모뿐만 아니라 똑똑하고 독립적인 성격 덕분에 쉽게 훈련을 받을 수 있어요.

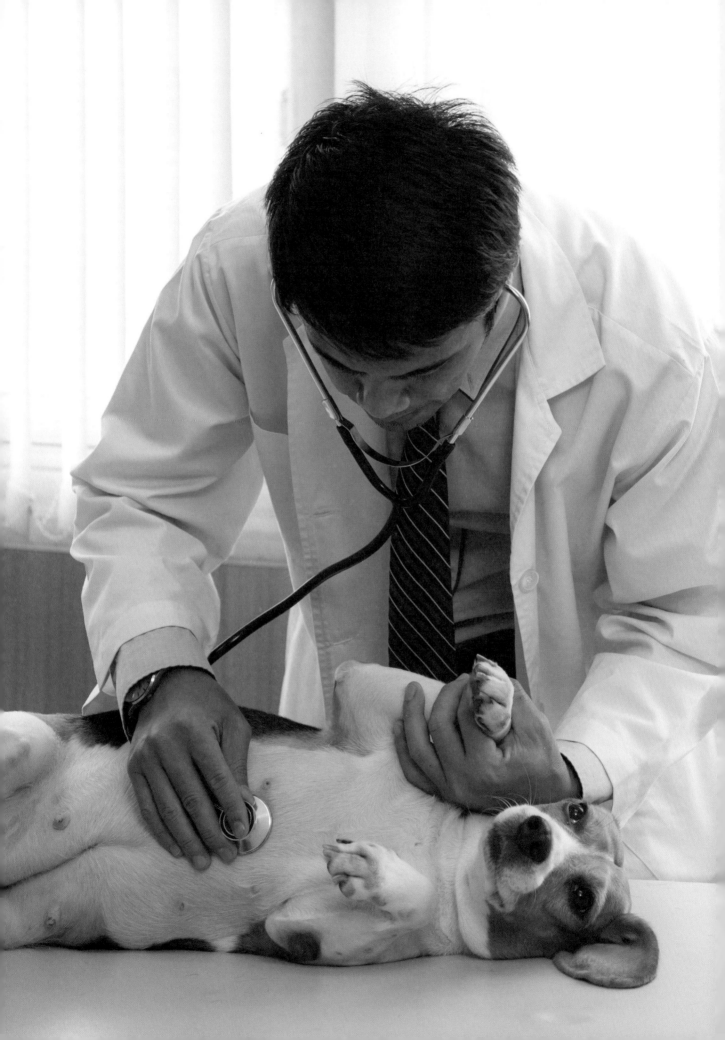

PART 6

반려동물도 병원에 꼭 가야해요

인수공통병 예방

생각 열기

우리는 어떤 때 병원에 가나요?
아파서 병원에 갔던 경험을 떠올려 보아요.

_____

_____

_____

_____

_____

_____

배우기 1

반려동물의 인수공통병에 대해 알아보아요.

 '인수공통병'이란?
동물과 사람이 함께 걸릴 수 있는 질병으로, 감염된 동물과의 접촉, 물린 경우, 혹은 특정 질병을 가진 동물의 체액 등을 통해 전염될 수 있어요.

 대표적인 '인수공통병' 예시

1 광견병

– 동물에게 물리면 사람에게도 옮을 수 있어요. 예방접종이 필수적이에요!

2 톡소플라스마증

– 고양이와 같은 반려동물의 배설물을 통해 감염될 수 있는 질병이에요.

3 기생충 감염

– 반려동물에게 기생충이 있으면 사람에게도 감염될 수 있어요.

 반려동물의 건강을 관리/유지하는 것은 반려동물 뿐만 아니라 사람의 건강에도 큰 영향을 끼쳐요.

반려동물의 인수공통병과 예방하는 법에 대해 알아보아요.

 대표적인 '인수공통병' 예시

1 정기적인 병원 방문과 예방 접종

정기적으로 병원에 방문하여 검진을 받는 것이 매우 중요해요. 필요한 경우 예방접종은 필수예요!

2 위생관리

손씻기 : 반려동물을 만진 후 항상 손을 깨끗이 씻어야해요.

배설물 처리 : 반려동물의 배설물을 즉시 처리하고, 깨끗이 청소해야해요.

반려동물의 털과 집 청결 유지 : 반려동물의 몸과 주변 환경을 자주 청소해 기생충이나 세균 감염을 예방해야해요.

3 기생충 감염

구충제를 정기적으로 복용하는 것도 인수공통병을 예방하는 좋은 방법이에요.

 반려동물과 규칙적으로 운동하고 반려동물에게 깨끗한 물과 건강한 음식을 주며 건강하게 지내요!

활동하기

오늘 학습한 인수 공통병을 예방하기 위한 공익광고 포스터를 만들어보아요.

공익광고는 많은 사람들에게 도움이 되는 중요한 정보를 알려주는 광고예요. 돈을 벌기 위해 하는 광고가 아니라, 우리 모두에게 좋은 일을 하도록 도와주는 광고라고 생각하면 돼요. 공익광고는 사람들에게 좋은 습관을 기르고, 사회를 더 안전하고 행복하게 만들기 위해 만들어져요.

오늘 배운 내용을 바탕으로 퀴즈를 풀어보아요.

문제 1

인수공통병이란 무엇인가요?

a) 동물과 사람이 함께 걸릴 수 있는 병

b) 반려동물만 걸리는 병

c) 사람이 걸릴 수 있는 모든 병

문제 2

인수공통병을 예방하는 방법 중 옳지 않은 것은 무엇일까요?

a) 반려동물을 정기적으로 병원에 데려가 예방접종을 한다.

b) 반려동물의 배설물을 깨끗하게 처리한다.

c) 반려동물을 절대 산책시키지 않는다.

d) 반려동물을 만진 후 항상 손을 씻는다.

문제 3

광견병을 예방하기 위해 반려동물에게 필요한 것은 무엇인가요?

a) 정기적인 예방접종

b) 많은 간식 주기

c) 강아지에게만 약 먹이기

더 알아보기

부드러운 털을 가진 친구, 코카스파니엘

코카스파니엘은 부드럽고 긴 털과 매력적인 귀를 가진 중형 견종으로, 사람을 좋아하고 매우 사교적인 성격을 가지고 있어요. 이들은 과거에 사냥개로 활약했기 때문에 뛰어난 후각과 민첩성을 자랑해요. 에너지가 넘치는 편이라 하루에 충분한 산책과 운동이 필요하며, 활발하게 뛰노는 것을 매우 즐겨요. 또한, 가족과 함께 시간을 보내는 것을 좋아해 반려동물로서 많은 사랑을 받고 있어요. 코카스파니엘은 특히 귀엽고 사랑스러운 외모로 주목받으며, 사람을 따르는 성격 덕분에 훈련도 비교적 수월한 편이에요. 그러나 이들의 부드러운 털은 정기적인 브러싱과 관리가 필요해요, 그렇지 않으면 털이 엉킬 수 있거든요.